BEI GRIN MACHT SICH IHR WISSEN BEZAHLT

- Wir veröffentlichen Ihre Hausarbeit, Bachelor- und Masterarbeit

- Ihr eigenes eBook und Buch - weltweit in allen wichtigen Shops

- Verdienen Sie an jedem Verkauf

Jetzt bei www.GRIN.com hochladen und kostenlos publizieren

Bibliografische Information der Deutschen Nationalbibliothek:

Die Deutsche Bibliothek verzeichnet diese Publikation in der Deutschen Nationalbibliografie; detaillierte bibliografische Daten sind im Internet über http://dnb.d-nb.de/ abrufbar.

Dieses Werk sowie alle darin enthaltenen einzelnen Beiträge und Abbildungen sind urheberrechtlich geschützt. Jede Verwertung, die nicht ausdrücklich vom Urheberrechtsschutz zugelassen ist, bedarf der vorherigen Zustimmung des Verlages. Das gilt insbesondere für Vervielfältigungen, Bearbeitungen, Übersetzungen, Mikroverfilmungen, Auswertungen durch Datenbanken und für die Einspeicherung und Verarbeitung in elektronische Systeme. Alle Rechte, auch die des auszugsweisen Nachdrucks, der fotomechanischen Wiedergabe (einschließlich Mikrokopie) sowie der Auswertung durch Datenbanken oder ähnliche Einrichtungen, vorbehalten.

Impressum:

Copyright © 2015 GRIN Verlag
Druck und Bindung: Books on Demand GmbH, Norderstedt Germany
ISBN: 9783668744516

Dieses Buch bei GRIN:

https://www.grin.com/document/429829

Jonas Roser

Einführung in die Hyperbelfunktionen und Diskussion einer dreiparametrigen Funktionenschar

GRIN Verlag

GRIN - Your knowledge has value

Der GRIN Verlag publiziert seit 1998 wissenschaftliche Arbeiten von Studenten, Hochschullehrern und anderen Akademikern als eBook und gedrucktes Buch. Die Verlagswebsite www.grin.com ist die ideale Plattform zur Veröffentlichung von Hausarbeiten, Abschlussarbeiten, wissenschaftlichen Aufsätzen, Dissertationen und Fachbüchern.

Besuchen Sie uns im Internet:

http://www.grin.com/

http://www.facebook.com/grincom

http://www.twitter.com/grin_com

Einführung in die Hyperbelfunktionen
und
Diskussion einer dreiparametrigen Funktionenschar

$$f_{abc}(x) = \frac{e^x + ae^{-x}}{b(e^x + e^{-x}) + c}$$

Seminararbeit

von

Jonas Roser

Eingereicht am 01.10.2015

Seminarfach Mathematik

Inhaltsverzeichnis

I. Einleitung 3

II. Die Hyperbelfunktionen 4

    1. Kosinus Hyperbolicus ($\cosh(x)$) 4

    2. Sinus Hyperbolicus ($\sinh(x)$) 6

    3. Tangens Hyperbolicus ($\tanh(x)$) 9

    4. Zusammenhang zwischen hyperbolischen Funktionen, Hyperbel und trigonometrischen Funktionen 11

    5. Anwendung der hyperbolischen Funktionen 12

III. Kurvendiskussion 13

    1. Definitionsmenge. 14

    2. Nullstellen 16

    3. Grenzwerte an den Rändern der Definitionsmenge 18

    4. Symmetrie 19

    5. Monotonie 20

IV. Nachwort 26

VI. Literaturverzeichnis 27

VII. Abbildungsverzeichnis 28

I. Einleitung

Diese Seminararbeit beschäftigt sich mit der Funktionenschar $f_{abc}(x) = \frac{e^x + ae^{-x}}{b(e^x + e^{-x}) + c}$. Dabei werde ich auf deren Verbindung zu den hyperbolischen Funktionen, oder auch Hyperbelfunktionen genannt, namens Sinus Hyperbolicus, Kosinus Hyperbolicus und Tangens Hyperbolicus eingehen. Zudem habe ich an einer Kurvendiskussion mit der Betrachtung aller Fälle von a, b und c zur oben genannten Funktion gerechnet.

$f_{abc}(x)$ ist eine Funktionenschar, die für diese Seminararbeit erfunden wurde. Dabei ist aufgefallen, dass in Spezialfällen der Sinus Hyperbolicus, der Kosinus Hyperbolicus und der Tangens Hyperbolicus auftreten können. Das führte zu der Betrachtung der Hyberbelfunktionen, ihrer Eigenschaften, ihrer Definition und ihrer Anwendung in der realen Welt.

Bei der Bearbeitung der Kurvendiskussion ist mir jedoch aufgefallen, dass angefangen bei dem Monotonieverhalten und der ersten Ableitung von $f_{abc}(x)$ immer mehr Fälle von a, b und c dazu kamen. So werde ich die Monotonie nur ein wenig betrachten. Das Krümmungsverhalten und die zweite Ableitung, das unbestimmte Integral oder auch die Umkehrfunktion, falls es eine gibt, werde ich nicht berechnen, da es Rahmen und Zeit der Seminararbeit um ein Vielfaches sprengen würde.

Die Graphen zu den Termen konnte ich mit Hilfe des kostenlosen erhältlichen Programms „Mathe-Grafix" erstellen und in dieser Seminararbeit verwenden.

Die Arbeit wird so aufgebaut sein, dass ich zuerst auf die Hyperbelfunktionen näher eingehen werde. Danach gehe ich auf die Definitionsmenge, Nullstelle, Symmetrie und die Grenzwerte an der Definitionsmenge bei allen möglichen Fällen von $f_{abc}(x)$ ein. Bei der Monotonie habe ich drei Fälle gerechnet und ausgewertet.

II. Die Hyperbelfunktionen

Die Funktionsschar $f_{abc}(x) = \frac{e^x + ae^{-x}}{b(e^x + e^{-x}) + c}$ kann, wie in der Einleitung erwähnt auch längst bekannte Funktionen darstellen, welche dem Mathematiker als Hyperbelfunktionen oder Hyperbolischen Funktionen bekannt sind. Eine bekannte Mathematikerin beschreibt die Hyperbolischen Funktionen als „ … Funktionen, die von ihrer Namensgebung und von ihren charakteristischen Eigenschaften her auf Verwandtschaft mit den trigonometrischen Funktionen schließen lassen." (Kopp, 2008). Auf diese und andere Eigenschaften werde ich im Folgenden eingehen und sie rechnerisch herleiten.

1. Kosinus Hyperbolicus (cosh(x))

Die Funktion für des Kosinus Hyperbolicus ist:

$$\cosh(x) = \frac{e^x + e^{-x}}{2}$$

Dies bedeutet, wenn man von unserer Funktionenschar $f_{abc}(x) = \frac{e^x + ae^{-x}}{b(e^x + e^{-x}) + c}$ ausgeht, dass $a = 1, b = 0$ und $c = 2$ ist.

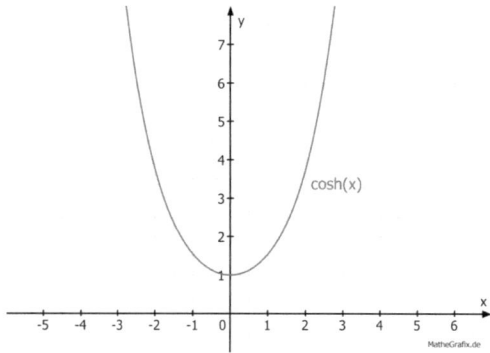

Abbildung 1: cosh(x)

Eigenschaften des Kosinus Hyperbolicus:

1. <u>Definitionsmenge:</u> Hier muss der Nenner der Funktion $\cosh(x) = 0$ gesetzt werden, damit man sieht, für welchen x-Wert die Funktion keine reelle Lösung besitzt, da sie ansonsten durch 0 geteilt werden würde.

$2 = 0 \qquad\qquad \mathbb{D}_{\cosh(x)} = \mathbb{R}$

2. <u>Nullstelle:</u> $\cosh(x) = \frac{e^x + e^{-x}}{2} = 0 \;\Rightarrow\; e^x = -e^{-x} \;\Rightarrow\; x = \ln(-1) - x$

$\Rightarrow x = \ln(-1) - x \;\Rightarrow\; 2x = \ln(-1)$

Keine wahre Aussage, da der $\ln(-1)$ keine Lösung in $\mathbb{D}_{\cosh(x)}$ besitzt. Daraus folgt, dass der $\cosh(x)$ keine Nullstelle hat.

3. <u>Grenzwerte an den Rändern der Definitionsmenge:</u>

$\lim\limits_{x \to \infty} \cosh(x) = \lim\limits_{x \to \infty} \frac{e^x + e^{-x}}{2} = \infty$, da $\lim\limits_{x \to \infty} e^x = \infty$ und $\lim\limits_{x \to \infty} e^{-x} = 0$.

$\lim\limits_{x \to -\infty} \cosh(x) = \lim\limits_{x \to -\infty} \frac{e^x + e^{-x}}{2} = \infty$, da $\lim\limits_{x \to -\infty} e^x = 0$ und $\lim\limits_{x \to -\infty} e^{-x} = \infty$.

4. <u>Symmetrie:</u> Hier untersuche ich zuerst den Fall wie $\cosh(-x)$ aussieht, da dieser in beiden Symmetriefällen vorkommt.

$$\cosh(-x) = \frac{e^{-x} + e^x}{2} = \frac{e^x + e^{-x}}{2} = \cosh(x)$$

Daraus folgt, dass der $\cosh(x)$ eine gerade Funktion und somit symmetrisch zur y-Achse ist (vgl. Walter, Analysis 1).

5. <u>Monotonie:</u> $(\cosh(x))' = \frac{(e^x - e^{-x}) \cdot 2}{4} = \frac{e^x - e^{-x}}{2} = \sinh(x)$

$(\cosh(x))' = 0 \;\Rightarrow\; e^x - e^{-x} = 0 \;\Rightarrow\; e^x = e^{-x} \;\Rightarrow\; 2x = 0 \;\Rightarrow\; x = 0$

$\cosh(0) = \frac{e^0 + e^{-0}}{2} = \frac{2}{2} = 1 \qquad\qquad$ Extrempunkt bei $(0|1)$

$(\cosh(x))' > 0 \;\Rightarrow\; e^x - e^{-x} > 0 \;\Rightarrow\; e^x > e^{-x} \;\Rightarrow\; 2x > 0 \;\Rightarrow\; x > 0$

$(\cosh(x))' < 0 \;\Rightarrow\; e^x - e^{-x} < 0 \;\Rightarrow\; e^x < e^{-x} \;\Rightarrow\; 2x < 0 \;\Rightarrow\; x < 0$

$G_{\cosh(x)}$ ist auf dem Intervall $]-\infty; 0[$ streng monoton fallend und auf dem Intervall $]0; \infty[$ streng monoton steigend.

Daraus folgt, dass der Extrempunkt ein absolutes Minimum ist.

⇨ T (0|1)

Zudem folgt daraus, und aus der Betrachtung der Grenzwerte, die Wertemenge des $\cosh(x)$: $\mathbb{W}_{\cosh(x)} = [1; \infty[$

6. <u>Krümmung:</u> $(\cosh(x))'' = (\sinh(x))' = \cosh(x) = \frac{e^x + e^{-x}}{2}$

$(\cosh(x))'' = 0 \qquad\qquad\qquad ⇨ \cosh(x) = 0$

siehe Nullstelle: keine wahre Aussage!

$(\cosh(x))'' > 0 \quad ⇨ e^x > -e^{-x} ⇨ x > \ln(-1) - x ⇨ 2x > \ln(-1)$

Aussage ist immer wahr!

$G_{\cosh(x)}$ ist auf der gesamten Definitionsmenge $\mathbb{D}_{\cosh(x)}$ linksgekrümmt.

7. <u>Stammfunktion:</u> Wenn die Ableitung des $\cosh(x)$ gleich dem $\sinh(x)$, und die Ableitung des $\sinh(x)$ gleich dem $\cosh(x)$ ist, dann ist die Stammfunktion des $\cosh(x) = \sinh(x) + C$, wobei C eine beliebige Konstante aus $\mathbb{R}$ ist.

2. Sinus Hyperbolicus ($\sinh(x)$)

Die Funktion des Sinus Hyperbolicus ist:

$$\sinh(x) = \frac{e^x - e^{-x}}{2}$$

Dies bedeutet: Wenn man von unserer Funktionenschar $f_{abc}(x) = \frac{e^x + ae^{-x}}{b(e^x + e^{-x}) + c}$ ausgeht, dass $a = -1, b = 0$ und $c = 2$ ist.

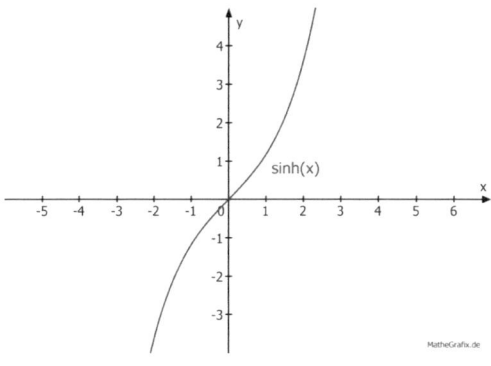

Abbildung 2: sinh(x)

Eigenschaften des Sinus Hyperbolicus:

1. <u>Definitionsmenge:</u> Hier muss der Nenner der Funktion $\sinh(x) = 0$ gesetzt werden, damit man sieht, für welchen x-Wert die Funktion keine reelle Lösung besitzt, da sie ansonsten durch 0 geteilt werden würde.

$$2 = 0 \qquad \qquad \mathbb{D}_{\sinh(x)} = \mathbb{R}$$

2. <u>Nullstelle:</u> $\sinh(x) = \frac{e^x - e^{-x}}{2} = 0 \Rightarrow e^x = e^{-x} \Rightarrow x = -x \Rightarrow x = 0$

$\sinh(x)$ hat bei $x = 0$ eine Nullstelle.

3. <u>Grenzwerte an den Rändern der Definitionsmenge:</u>

$\lim\limits_{x \to \infty} \sinh(x) = \lim\limits_{x \to \infty} \frac{e^x - e^{-x}}{2} = \infty$, da $\lim\limits_{x \to \infty} e^x = \infty$ und $\lim\limits_{x \to \infty} e^{-x} = 0$.

$\lim\limits_{x \to -\infty} \sinh(x) = \lim\limits_{x \to -\infty} \frac{e^x - e^{-x}}{2} = -\infty$, da $\lim\limits_{x \to -\infty} e^x = 0$ und $\lim\limits_{x \to -\infty} e^{-x} = \infty$, und $\infty \cdot (-1) = -\infty$.

4. <u>Symmetrie:</u> Hier untersuche ich zuerst den Fall wie $\sinh(-x)$ aussieht, da dieser in beiden Symmetriefällen vorkommt.

$$\sinh(-x) = \frac{e^{-x} - e^x}{2} = \frac{-e^x + e^{-x}}{2} = -\frac{e^x - e^{-x}}{2} = -\sinh(x)$$

Daraus folgt, dass der $\sinh(x)$ eine ungerade Funktion und somit symmetrisch zum Ursprung ist (vgl. Walter, Analysis 1).

5. <u>Monotonie:</u> $(\sinh(x))' = \frac{(e^x + e^{-x}) \cdot 2}{4} = \frac{e^x + e^{-x}}{2} = \cosh(x)$

$(\sinh(x))' = 0 \quad\Rightarrow\quad \cosh(x) = 0$

keine reelle Lösung (siehe Nullstelle des $\cosh(x)$)

$(\sinh(x))' > 0 \Rightarrow e^x + e^{-x} > 0 \Rightarrow e^x > -e^{-x} \Rightarrow 2x > \ln(-1) \Rightarrow x > \frac{1}{2}\ln(-1)$

Aussage ist immer wahr. Damit ist $G_{\sinh(x)}$ auf der gesamten Definitionsmenge $\mathbb{D}_{\sinh(x)} = \mathbb{R}$ streng monoton steigend.

Daraus, und aus der Betrachtung der Grenzwerte, folgt die Wertemenge: $\mathbb{W}_{\sinh(x)} = \mathbb{R}$

6. <u>Krümmung:</u> $(\sinh(x))'' = (\cosh(x))' = \sinh(x) = \frac{e^x - e^{-x}}{2}$

$(\sinh(x))'' = 0 \Rightarrow e^x - e^{-x} = 0 \Rightarrow x = -x \Rightarrow x = 0$

$(\sinh(x))'' > 0 \Rightarrow e^x - e^{-x} > 0 \Rightarrow x > -x \Rightarrow x > 0$

$(\sinh(x))'' < 0 \Rightarrow e^x - e^{-x} < 0 \Rightarrow x < -x \Rightarrow x < 0$

Damit hat $G_{\sinh(x)}$ einen Wendepunkt bei $W(0|0)$ (siehe Nullstelle) und ist auf dem Intervall $]-\infty; 0]$ rechtsgekrümmt und auf dem Intervall $[0; \infty[$ linksgekrümmt.

7. <u>Stammfunktion:</u> Sei die Ableitung des $\sinh(x)$ gleich der des $\cosh(x)$, und die Ableitung des $\cosh(x)$ gleich der des $\sinh(x)$ ist, dann ist die Stammfunktion des $\sinh(x) = \cosh(x) + C$, wobei C eine beliebige Konstante aus $\mathbb{R}$ ist.

3. Tangens Hyperbolicus ($\tanh(x)$)

Die Funktion des Tangens Hyperbolicus ist:

$$\tanh(x) = \frac{\sinh(x)}{\cosh(x)} = \frac{e^x - e^{-x}}{e^x + e^{-x}} = \frac{e^{2x}-1}{e^{2x}+1}$$

Dies bedeutet, wenn man von unserer Funktionenschar $f_{abc}(x) = \frac{e^x + ae^{-x}}{b(e^x + e^{-x}) + c}$ ausgeht, dass $a = e^x(e^{2x} - e^x - 1), b = 0$ und $c = e^{2x} + 1$ ist.

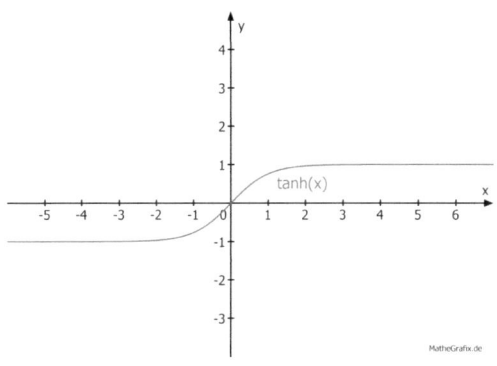

Abbildung 3: tanh(x)

Eigenschaften des Tangens Hyperbolicus:

1. <u>Definitionsmenge:</u> Hier muss der Nenner der Funktion $\tanh(x) = 0$ gesetzt werden, damit man sieht, für welchen x-Wert die Funktion keine reelle Lösung besitzt, da sie ansonsten durch 0 geteilt werden würde.

$e^x + e^{-x} = 0$ $\quad\quad\quad\quad\quad\quad\quad\Rightarrow e^x = -e^{-x}$

$x = \ln(-1) - x$ $\quad\quad\quad\quad\quad\Rightarrow 2x = \ln(-1)$

Keine wahre Aussage, da $\ln(-1)$ nicht in $\mathbb{R}$ definiert ist. Keine Definitionslücke! $\mathbb{D}_{\tanh(x)} = \mathbb{R}$

2. <u>Nullstelle:</u> $\tanh(x) = 0 \Rightarrow \sinh(x) = 0 \Rightarrow x = 0$

$\tanh(x)$ hat bei $x = 0$ eine Nullstelle (siehe Nullstelle des $\sinh(x)$).

3. <u>Grenzwerte an den Rändern der Definitionsmenge:</u>

$$\lim_{x\to\infty} \tanh(x) = \lim_{x\to\infty} \frac{e^x - e^{-x}}{e^x + e^{-x}} = \lim_{x\to-\infty} \frac{e^x}{e^x} = 1, \text{ da } \lim_{x\to\infty} e^x = \infty, \lim_{x\to\infty} e^{-x} = 0 \text{ und}$$

e^{-x} „wegfällt" und sich e^x kürzt.

$$\lim_{x\to-\infty} \tanh(x) = \lim_{x\to-\infty} \frac{e^x - e^{-x}}{e^x + e^{-x}} = \lim_{x\to-\infty} \frac{-e^{-x}}{+e^{-x}} = -1, \text{ da } \lim_{x\to-\infty} e^x = 0,$$

$\lim_{x\to-\infty} e^{-x} = \infty$, e^x „wegfällt" und sich e^{-x} kürzt.

4. <u>Symmetrie:</u> Hier untersuche ich zuerst den Fall wie $\tanh(-x)$ aussieht, da dieser in beiden Symmetriefällen vorkommt.

$$\tanh(-x) = \frac{e^{-x} - e^x}{e^{-x} + e^x} = \frac{-e^x + e^{-x}}{e^x + e^{-x}} = -\frac{e^x - e^{-x}}{e^x + e^{-x}} = \tanh(x)$$

Daraus folgt, dass der $\tanh(x)$ eine gerade Funktion und somit symmetrisch zur y-Achse ist.

5. <u>Monotonie:</u> $(\tanh(x))' = \left(\frac{\sinh(x)}{\cosh(x)}\right)' = \frac{(\cosh(x))^2 - (\sinh(x))^2}{(\cosh(x))^2}$

Aus Additionstheoremen folgt: $\cosh^2(x) - \sinh^2(x) = 1$, also:

$$\frac{(\cosh(x))^2 - (\sinh(x))^2}{(\cosh(x))^2} = \frac{1}{(\cosh(x))^2} = \frac{4}{(e^x + e^{-x})^2}$$

$(\tanh(x))' = 0 \qquad \Rightarrow 4 = 0$

Aussage ist nicht wahr! Keine Lösung.

$(\tanh(x))' > 0 \qquad \Rightarrow 4 > 0$

Aussage ist wahr in allen Fällen!

$G_{\tanh(x)}$ ist streng monoton steigend auf der gesamten Definitionsmenge.

6. <u>Krümmung:</u>

$$(\tanh(x))'' = \left(\frac{1}{(\cosh(x))^2}\right)' = \left(\frac{4}{(e^x + e^{-x})^2}\right)' =$$

$$= \frac{0 \cdot (e^x + e^{-x})^2 - 4 \cdot 2(e^{2x} - e^{-2x})}{(e^x + e^{-x})^4} = \frac{8e^{2x} - 8e^{-2x}}{(e^x + e^{-x})^4}$$

$(\tanh(x))'' = 0 \quad \Rightarrow 8e^{2x} - 8e^{-2x} = 0 \Rightarrow e^{2x} = e^{-2x} \Rightarrow 4x = 0 \Rightarrow x = 0$

Wendepunkt an $W(0|0)$ (siehe Nullstelle).

$(\tanh(x))'' > 0 \Rightarrow 8e^{2x} - 8e^{-2x} > 0 \Rightarrow e^{2x} > e^{-2x} \Rightarrow 4x > 0 \Rightarrow x > 0$

$(\tanh(x))'' < 0 \Rightarrow 8e^{2x} - 8e^{-2x} < 0 \Rightarrow e^{2x} < e^{-2x} \Rightarrow 4x < 0 \Rightarrow x < 0$

$G_{\tanh(x)}$ ist auf dem Intervall $]-\infty; 0]$ rechtsgekrümmt und auf dem Intervall $[0; \infty[$ linksgekrümmt. Bei $W(0|0)$ ist ein Wendepunkt.

8. <u>Stammfunktion:</u> Der $\tanh(x)$ ist der Quotient von $\frac{\sinh(x)}{\cosh(x)}$. Nun weiß man, dass die Ableitung des $\ln(x) = x' \cdot \frac{1}{x} = \frac{1}{x}$ ist. Diese Regeln kann man hier genauso anwenden, da der $\sinh(x)$ die Ableitung des $\cosh(x)$ ist. Also ist die Stammfunktion des $\tanh(x) = \ln(\cosh(x)) + C$, wobei C eine beliebige Konstante aus $\mathbb{R}$ ist.

4. Zusammenhang zwischen hyperbolischen Funktionen, Hyperbel und trigonometrischen Funktionen

Die hyperbolischen Funktionen lassen sich ähnlich wie die trigonometrischen Funktionen definieren. So sind $\sin(x)$ und $\cos(x)$ am Einheitskreis ($x^2 + y^2 = 1$) definiert. $\sinh(x)$ und $\cosh(x)$ sind dagegen an der Einheitshyperbel ($x^2 - y^2 = 1$) definiert (siehe Abbildung 1).

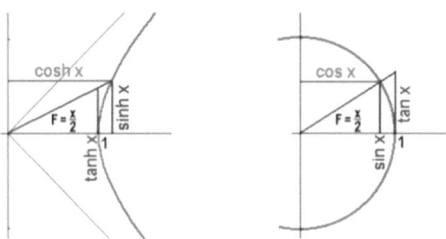

Abbildung 4: Einheitshyperbel und Einheitskreis

Die Additionstheoreme, die es sowohl bei trigonometrischen als auch bei hyperbolischen Funktionen gibt, sind sich zudem sehr ähnlich. Zur besseren Veranschaulichung dieser Rechenregeln und deren Ähnlichkeit ist hier eine Gegenüberstellung:

$$\cosh(x) + \sinh(x) = e^x$$

Herleitung: $\frac{e^x+e^{-x}}{2} + \frac{e^x-e^{-x}}{2} = \frac{2e^x}{2} = e^x$

Trigonometrische Funktionen	Hyperbel Funktionen
Einheitskreis	Einheitshyperbel
$\sin^2(x) + \cos^2(x) = 1$	$\cosh^2(x) - \sinh^2(x) = 1$

1. trig. Funktion: $\sin(\alpha + \beta) = \sin(\alpha)\cos(\beta) + \sin(\beta)\cos(\alpha)$

2. trig. Funktion: $\cos(\alpha + \beta) = \cos(\alpha)\cos(\beta) - \sin(\alpha)\sin(\beta)$

3. trig. Funktion: $\tan(\alpha + \beta) = \frac{\tan x + \tan y}{\tan x \cdot \tan y}$

1. hyperb. Funktion: $\sinh(\alpha + \beta) = \sinh(\alpha)\cosh(\beta) + \sinh(\beta)\cosh(\alpha)$

2. hyperb. Funktion: $\cosh(\alpha + \beta) = \cosh(\alpha)\cosh(\beta) + \sinh(\beta)\sinh(\alpha)$

3. hyperb. Funktion: $\tanh(\alpha + \beta) = \frac{\tan x + \tan y}{1 + \tan x \cdot \tan y}$

Zur Vollständigkeit ist zu sagen, dass Regel 2 und 3 von Wolfgang Walters Buch „Analysis 1" von der Seite 159 entnommen sind. Dieser erwähnt er noch zwei weitere Regeln:

1. $\cosh(x) + \sinh(x) = e^x$

Herleitung: $\frac{e^x+e^{-x}}{2} + \frac{e^x-e^{-x}}{2} = \frac{2e^x}{2} = e^x$

2. $\cosh(x) - \sinh(x) = e^x$

Herleitung: $\frac{e^x+e^{-x}}{2} - \frac{e^x-e^{-x}}{2} = \frac{2e^{-x}}{2} = e^x$

5. Anwendung der hyperbolischen Funktionen

Diese Funktionen findet man auch im Alltagsleben, z.B. bei griechischen Tempelsäulen, symmetrischen Spinnennetzen oder freihängenden Seilen, Kabeln, Ketten oder ähnlichem. Letztere nehmen idealerweise, wenn sie frei in der Luft hängen und an beiden Enden gleich hoch befestigt sind, eine besondere Kurve an, die Kettenkurve. Beispiel hierfür, die Stahlseile an der Golden Gate Bridge (siehe Abbildung 5).

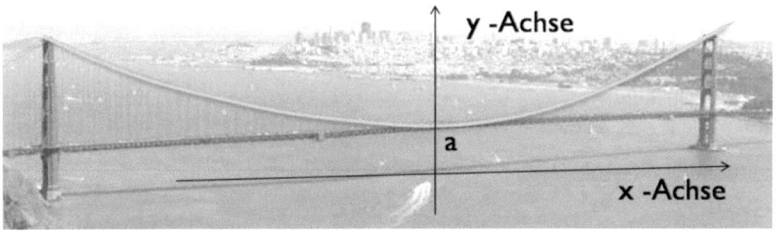

Abbildung 5: Golden Gate Bridge

Diese ist dem Kosinus Hyperbolicus ähnlich und wird auch als Seilkurve bezeichnet. Der Term der Kettenlinie ist: $f(x) = a(\cosh\left(\frac{x}{a}\right)) = \frac{a}{2}(e^{\frac{x}{a}} + e^{\frac{-x}{a}})$.
Hier habe ich als Beispiel die Kettenlinie für $a = 2$ (siehe Abbildung 6).

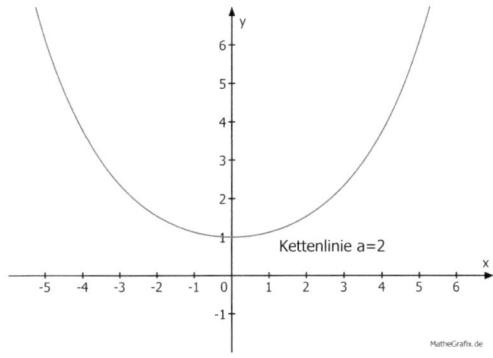

Abbildung 6: Kettenlinie für a=2

III. Kurvendiskussion

Im Folgenden werde ich eine Kurvendiskussion zur Funktion $f_{abc}(x) = \frac{e^x + ae^{-x}}{b(e^x + e^{-x}) + c}$ durchführen. Hierbei versuche ich alle möglichen Fälle zu betrachten, die durch das Verändern der 3 Parameter entstehen.

1. Definitionsmenge

Zuerst ist klar, dass eine Definitionslücke vorhanden ist, wenn der Nenner = 0 ist. Somit versuche ich, die Lösungen der Gleichung $b(e^x + e^{-x}) + c = 0$ herauszufinden und sie dann aus der Definitionsmenge auszuschließen.

Dabei fällt auf, dass der Fall, dass b und c gleichzeitig Null, sind von vorneherein ausgeschlossen sein muss.

Um das Ergebnis möglichst effizient zu berechnen, gehe ich davon aus, dass es im Grunde nur zwei Fälle gibt:

1. Fall: $b \cdot c \geq 0$, dies bedeutet, dass b und c das gleiche Vorzeichen haben, oder einer dieser Parameter gleich Null ist.
   In diesem Fall hat die Gleichung $b(e^x + e^{-x}) + c = 0$ keine Lösung, was ich nun kurz anhand einer Rechnung erläutern werde.

   Angenommen: $b > 0 \land c = 0$.
   $b(e^x + e^{-x}) = 0 \Leftrightarrow e^x + e^{-x} = 0 \Leftrightarrow e^x = -e^{-x}$
   Die letzte Gleichung hat keine Lösung, da e^x niemals negativ sein kann. Somit würde aus dieser Gleichung folgen: $\mathbb{D}_{f_{abc}} = \mathbb{R}$
   Bei den anderen Fällen ist es im Hinblick auf das Ergebnis genauso, da der Zähler immer positiv ist und somit nie Null werden kann, sodass für den Fall $b \cdot c \geq 0$ die Definitionsmenge $\mathbb{D}_{f_{abc}} = \mathbb{R}$ gilt.

2. Fall: $b \cdot c < 0$, hier sieht man, dass b und c unterschiedliche Vorzeichen haben müssen und somit kann es Fälle geben bei denen der Zähler positiv, negativ oder gleich Null wird. Um hier die Lösung herauszufinden nehme ich die Gleichung und löse sie nach b und c auf. Dann substituiere ich e^x mit u, um einen quadratischen Term zu bekommen, mit dem ich eine Diskriminante aufstellen kann, um im weiteren Verfahren auf die Lösung der Gleichung zu kommen:
   $$b(e^x + e^{-x}) + c = 0 \quad \Leftrightarrow e^x + e^{-x} = -\frac{c}{b}$$

Substitution: $e^x = u$

$$u + u^{-1} + \frac{c}{b} = 0 \Leftrightarrow u^2 + \frac{c}{b}u + 1 = 0$$

An dieser Stelle nehme ich die Diskriminante des quadratischen Terms und überprüfe, wann sie gleich, größer oder kleiner als Null wird.

$$D = \left(\frac{c}{b}\right)^2 - 4 \cdot 1 \cdot 1 = \frac{c^2}{b^2} - 4$$

1. Fall: $D = 0 \Leftrightarrow c^2 = 4b^2 \wedge b \cdot c < 0$

An dieser Stelle gibt es wieder unendlich viele Ergebnisse, da man zum Beispiel folgende Werte einsetzen könnte: $b = 2$ und $c = -4$
$$b = -1 \text{ und } c = 2$$
$$b = 3 \text{ und } c = -6$$

Diese Reihe kann man ewig weiterführen, muss dabei jedoch beachten, dass b und c ein unterschiedliches Vorzeichen haben müssen.

Wenn man nun ein richtiges Ergebnis haben will, löst man die quadratische Funktion mit Hilfe der Lösungs- oder Mitternachtsformel auf: $u = \frac{-\frac{c}{b}}{2} = \frac{-c}{2b}$

Durch genauere Betrachtung der Werte, die man davor für c und b einsetzen konnte, fällt auf, dass der Quotient: $\frac{-c}{2b}$, für Werte für welche die Gleichung $c^2 = 4b^2$ gilt, immer 1 ergibt. Beweis:

Aufgrund des vorgegebenen Falles von $b \cdot c < 0$, ist $u = \frac{-c}{2b}$ immer größer als null also: $u > 0$. Aus diesem Grund ist das Ergebnis gleich, wenn man die ganze Gleichung quadriert: $u^2 = \frac{c^2}{4b^2}$. Hier fällt die Ähnlichkeit zum Gleichung $c^2 = 4b^2$ auf. Durch Einsetzen erhält man: $u^2 = \frac{4b^2}{4b^2} = \frac{1}{1}$ wenn man die Wurzel zieht: $u = 1$. Mit Rücksubstitution erhält man den dann zugehörigen x-Wert: $e^x = 1 \Leftrightarrow x = \ln(1) = 0$

Somit gilt: $\mathbb{D}_{f_{abc}} = \mathbb{R} \setminus \{0\}$

2. Fall: $D < 0 \Leftrightarrow c^2 < 4b^2 \wedge b \cdot c < 0$

Für diesen Fall gilt: $\mathbb{D}_{f_{abc}} = \mathbb{R}$, da die Diskriminante keine Lösung hat.

3. Fall: $D > 0 \Leftrightarrow c^2 > 4b^2 \wedge b \cdot c < 0$

Um die quadratische Gleichung $u^2 + \frac{c}{b}u + 1 = 0$ zu lösen, benutze ich die Lösungsformel ($x_{1,2} = \frac{-b + \sqrt{b^2 - 4ac}}{2a}$)

$$u_{1,2} = \frac{-\frac{c}{b} \pm \sqrt{\left(\frac{c}{b}\right)^2 - 4}}{2}$$

$$u_1 = \frac{-\frac{c}{b} + \sqrt{\left(\frac{c}{b}\right)^2 - 4}}{2} \qquad\qquad u_2 = \frac{-\frac{c}{b} - \sqrt{\left(\frac{c}{b}\right)^2 - 4}}{2}$$

Diese Gleichung kann man nicht weiter auflösen, weswegen ich hier rücksubstituiere: $u = e^x$

$e^{x_1} = \frac{-\frac{c}{b} + \sqrt{\left(\frac{c}{b}\right)^2 - 4}}{2}$ \qquad Daraus folgt: $x_1 = \ln(\frac{-\frac{c}{b} + \sqrt{\left(\frac{c}{b}\right)^2 - 4}}{2})$

$e^{x_2} = -\frac{\frac{c}{b} + \sqrt{\left(\frac{c}{b}\right)^2 - 4}}{2}$ \qquad Daraus folgt: $x_2 = \ln(-\frac{\frac{c}{b} + \sqrt{\left(\frac{c}{b}\right)^2 - 4}}{2})$

Durch den vorgegebenen Fall, dass $b \cdot c < 0$ ist der Quotient $\frac{c}{b} < 0$ ist und aber durch das Minus „ausgeglichen" wird, so bleibt der ln positiv.

Somit gilt: \qquad $\mathbb{D}_{f_{abc}} = \mathbb{R} \setminus \{ x_1 ; x_2 \}$

bzw. \qquad $\mathbb{D}_{f_{abc}} = \mathbb{R} \setminus \{ \ln(\frac{-\frac{c}{b} + \sqrt{\left(\frac{c}{b}\right)^2 - 4}}{2}) ; \ln(-\frac{\frac{c}{b} + \sqrt{\left(\frac{c}{b}\right)^2 - 4}}{2}) \}$

2. Nullstelle

Hier hat $f_{abc}(x)$ eine oder mehrere Nullstellen, wenn der Zähler der Funktion $= 0$ ist. Dies bedeutet konkret, dass $e^x + ae^{-x} = 0$ sein muss. Um dies wieder am Effizientesten zu lösen, substituiere ich e^x mit u:

Substitution: $e^x = u$; daraus ergibt sich: $u + au^{-1} = 0 \Leftrightarrow u^2 + a = 0$

Daraus folgt: $u = \sqrt{-a}$, also muss a negativ oder null sein, da sonst die Wurzel keine reellen Ergebnisse liefert.

Wenn man nun wieder rücksubstituiert, erhält man: $e^x = \sqrt{-a} \Leftrightarrow x = \ln(\sqrt{-a})$

Also muss $a > -1$ sein, da: $\mathbb{D}_g = [1; +\infty[$, für $g(a) = \ln(\sqrt{-a})$, da $\ln(0)$ nicht definiert ist. So weiß man, dass die Nullstelle im Bereich $x > 0$ liegen muss. Genaueres kann man aber nicht festlegen, außer man hätte a am Anfang definiert.

3. Grenzwerte an den Rändern von $\mathbb{D}_{f_{abc}}$

$$\lim_{x \to \infty} f_{abc}(x) = \lim_{x \to \infty} \frac{e^x + ae^{-x}}{b(e^x + e^{-x}) + c}$$

Wenn wir den Zähler betrachten, fällt auf, dass bei $\lim_{x \to \infty} e^x + ae^{-x}$, da $\lim_{x \to \infty} e^x = \infty$ und $\lim_{x \to \infty} e^{-x} = 0$, das Ergebnis immer gegen ∞ geht und somit a für das Ergebnis nicht wichtig bzw. frei wählbar ist.

Daraus folgt: Für $\lim_{x \to \infty} f_{abc}(x)$ gilt die Formel: $\lim_{x \to \infty} \frac{e^x}{b(e^x + e^{-x}) + c}$, wobei $b, c \in \mathbb{R}$

1. Fall: $b = 0 \wedge c > 0$ $\quad \lim_{x \to \infty} f_{abc}(x) = \lim_{x \to \infty} \frac{e^x}{c} = \infty$, da $\lim_{x \to \infty} e^x = \infty$, und ∞ durch einen festen positiven Wert c ∞ ergibt.

2. Fall: $b = 0 \wedge c < 0$ $\quad \lim_{x \to \infty} f_{abc}(x) = \lim_{x \to \infty} \frac{e^x}{c} = \infty$, da $\lim_{x \to \infty} e^x = \infty$, und ∞ durch einen festen negativen Wert c $-\infty$ ergibt.

3. Fall: : $b \neq 0 \wedge c = 0$ $\quad \lim_{x \to \infty} f_{abc}(x) = \lim_{x \to \infty} \frac{e^x}{be^x + be^{-x}}$, da der $\lim_{x \to \infty} e^{-x} = 0$ und $\lim_{x \to \infty} e^x = \infty$ ergibt, kommt man auf die Rechnung $\lim_{x \to \infty} \frac{e^x}{be^x}$, wobei man hier sieht, dass sich e^x problemlos kürzen lässt: $\lim_{x \to \infty} \frac{e^x}{be^x} = \frac{1}{b}$.

$$\lim_{x \to -\infty} f_{abc}(x) = \lim_{x \to -\infty} \frac{e^x + ae^{-x}}{b(e^x + e^{-x}) + c}$$

Für den Fall $\lim_{x \to -\infty} f_{abc}(x) = \lim_{x \to -\infty} e^x = 0$. Deswegen kann man die Rechnung direkt vereinfachen:

$$\lim_{x \to -\infty} f_{abc}(x) = \lim_{x \to -\infty} \frac{ae^{-x}}{be^{-x} + c}$$

1. Fall: $a > 0 \wedge b = 0 \wedge c > 0$ $\quad \lim_{x \to -\infty} f_{abc}(x) = \lim_{x \to -\infty} \frac{ae^{-x}}{c} = \infty$, da

2. $\lim\limits_{x \to -\infty} e^{-x} = \infty$ und ∞ mal einen festen positiven Wert a und durch einen festen positiven Wert c ∞ ergibt.

3. Fall: $a < 0 \land b = 0 \land c > 0$ $\quad \lim\limits_{x \to -\infty} f_{abc}(x) = \lim\limits_{x \to -\infty} \frac{ae^{-x}}{c} = -\infty$, da

4. $\lim\limits_{x \to -\infty} e^{-x} = \infty$ und ∞ mal einen festen negativen Wert a und durch einen festen positiven Wert c $-\infty$ ergibt.

5. Fall: $a > 0 \land b = 0 \land c < 0$ $\quad \lim\limits_{x \to -\infty} f_{abc}(x) = \lim\limits_{x \to -\infty} \frac{ae^{-x}}{c} = -\infty$, da

6. $\lim\limits_{x \to -\infty} e^{-x} = \infty$ und ∞ mal einen festen positiven Wert a und durch einen festen negativen Wert c $-\infty$ ergibt.

7. Fall: $a < 0 \land b = 0 \land c < 0$ $\lim\limits_{x \to -\infty} f_{abc}(x) = \lim\limits_{x \to -\infty} \frac{ae^{-x}}{c} = \infty$, da

8. $\lim\limits_{x \to -\infty} e^{-x} = \infty$ und ∞ mal einen festen negativen Wert a und durch einen festen negativen Wert c ∞ ergibt.

9. Fall: $a \neq 0 \land b \neq 0 \land c = 0$ $\lim\limits_{x \to -\infty} f_{abc}(x) = \lim\limits_{x \to -\infty} \frac{ae^{-x}}{be^{-x}} = \frac{a}{b}$, da man e^{-x} kürzen kann.

10. Fall: $a \neq 0 \land b \neq 0 \land c \neq 0$ $\lim\limits_{x \to -\infty} f_{abc}(x) = \lim\limits_{x \to -\infty} \frac{ae^{-x}}{be^{-x}+c}$, da man hier nicht weiter auflösen kann, benutze ich die Regel von L'Hospital: $\lim\limits_{x \to -\infty} \frac{ae^{-x}}{be^{-x}+c} \stackrel{l'H}{=} \lim\limits_{x \to -\infty} \frac{-ae^{-x}}{-be^{-x}} = \frac{a}{b}$, da man e^{-x} kürzen kann und $\frac{-a}{-b} = \frac{a}{b}$.

4. Symmetrie

Bei der Symmetrie gibt es zwei Fälle zu prüfen:

1. $f_{abc}(x) = f_{abc}(-x)$ und 2. $-f_{abc}(x) = f_{abc}(-x)$

Im ersten Fall wäre der Graph der Funktion $f_{abc}(x)$ achsensymmetrisch zur y-Achse und $f_{abc}(x)$ wäre dann eine gerade Funktion. Im zweiten Fall wäre der Graph der Funktion $f_{abc}(x)$ punksymmetrisch zum Ursprung (0|0) und $f_{abc}(x)$ wäre dann eine ungerade Funktion.

$$f_{abc}(x) = \frac{e^x + ae^{-x}}{b(e^x + e^{-x}) + c} \qquad f_{abc}(-x) = \frac{e^{-x} + ae^x}{b(e^{-x} + e^x) + c}$$

$$-f_{abc}(x) = -\frac{e^x + ae^{-x}}{b(e^x + e^{-x}) + c}$$

Da sich die beiden Funktionen recht ähnlich sind, sieht man, dass folgendes gilt:

$f_{abc}(x)$ ist achsensymmetrisch zur y-Achse ($f_{abc}(x) = f_{abc}(-x)$) für den Fall, dass $a = 1$ ist: $\frac{e^x + e^{-x}}{b(e^x + e^{-x}) + c} = \frac{e^{-x} + e^x}{b(e^{-x} + e^x) + c}$

Wenn $f_{abc}(x)$ punksymmetrisch zum Ursprung ($-f_{abc}(x) = f_{abc}(-x)$) sein soll, sieht man, dass folgendes gelten muss: $a = -1$

Beweis: $-f_{abc}(x) = f_{abc}(-x) \qquad \frac{-e^x + e^{-x}}{b(e^x + e^{-x}) + c} = \frac{e^{-x} + e^x}{b(e^{-x} + e^x) + c}$

5. Monotonie

Als nächstes gehe ich auf die Monotonie der Funktionenschar ein. Dafür berechne ich zuerst einmal die Ableitung der Grundfunktion $f_{abc}(x) = \frac{e^x + ae^{-x}}{b(e^x + e^{-x}) + c}$.

$$f'_{abc}(x) = \frac{(e^x - ae^{-x})(be^x + be^{-x} + c) - (e^x + ae^{-x})(be^x - be^{-x})}{(b(e^x + e^{-x}) + c)^2}$$

$$= \frac{(be^{2x} + b + ce^x - ab - abe^{-2x} - ace^{-x}) - (be^{2x} - b + ab - abe^{-2x})}{(b(e^x + e^{-x}) + c)^2}$$

$$= \frac{be^{2x} + b + ce^x - ab - abe^{-2x} - ace^{-x} - be^{2x} + b - ab + abe^{-2x}}{(b(e^x + e^{-x}) + c)^2}$$

$$f'_{abc}(x) = \frac{2b + ce^x - 2ab - ace^{-x}}{(b(e^x + e^{-x}) + c)^2}$$

Nun habe ich versucht $f'_{abc}(x) = 0$ zu setzen:

$f'_{abc}(x) = 0 \qquad \Rightarrow 2b + ce^x - 2ab - ace^{-x} = 0$

Zur Vereinfachung wird mit e^x erweitert:

$$ce^{2x} + 2be^x - 2abe^x - ac = 0$$

Dann substituiert mit $e^x = u$ und ausgeklammert:

$$cu^2 + 2bu - 2abu - ac = cu^2 + u(2b - 2ab) - ac = 0$$

Und nun habe ich die Lösungsformel angewendet:

$$u_{1,2} = \frac{-(2b - ab) \pm \sqrt{(2b - ab)^2 - 4c \cdot (-ac)}}{2a} =$$

$$= \frac{-2b + ab \pm \sqrt{(4b^2 - 4ab^2 + a^2b^2) + 4ac^2}}{2a}$$

Da allein in der Diskriminante drei Parameter sind, und eine komplette Fallunterscheidung den Rahmen dieser Arbeit sprengen würde, gehe ich nur auf einige Fälle ein, bei denen ich selber dachte, dass sie interessant seien, gelöst zu werden.

1. Fall: $a = 0 \wedge b \neq 0 \wedge c \neq 0$:

Die daraus gefolgerte Funktion lautet:

$$f'_{bc}(x) = \frac{2b + ce^x}{(b(e^x + e^{-x}) + c)^2}$$

$f'_{bc}(x) = 0 \Rightarrow 2b + ce^x = 0 \Rightarrow e^x = \frac{-2b}{c} \Rightarrow x = \ln(\frac{-2b}{c})$

Da der $\ln(x)$ immer positiv sein muss, muss gleicherweise $b \cdot c < 0$ sein damit dies gewährleistet ist. Dies bedeutet aber, dass $f'_{bc}(x)$ einen Extrempunkt hat, dessen x-Wert positiv ist.

$f'_{bc}(x) > 0 \Rightarrow 2b + ce^x > 0 \Rightarrow e^x > \frac{-2b}{c} \Rightarrow x > \ln(\frac{-2b}{c})$

$f'_{bc}(x) < 0 \Rightarrow 2b + ce^x < 0 \Rightarrow e^x < \frac{-2b}{c} \Rightarrow x < \ln(\frac{-2b}{c})$

$G_{f'_{bc}(x)}$ ist auf dem Intervall $]-\infty; \ln(\frac{-2b}{c})]$ streng monoton steigend und auf dem Intervall $[\ln(\frac{-2b}{c}); \infty[$ streng monoton fallend.

Aus der Monotonie folgt, da die Werte nach dem Extrempunkt streng monoton fallend sind und die Werte davor streng monoton steigend sind, ist der Extrempunkt ein absoluter Hochpunkt.

$$H: \left(\ln\left(\frac{-2b}{c}\right) \bigg| f_{bc}\left(\ln\left(\frac{-2b}{c}\right)\right)\right)$$

Beispiel zu Veranschaulichung: $a = 0 \wedge b = 1 \wedge c = -1$

Funktionsterm: $f_{bc}(x) = \frac{e^x}{e^x + e^{-x} - 1}$

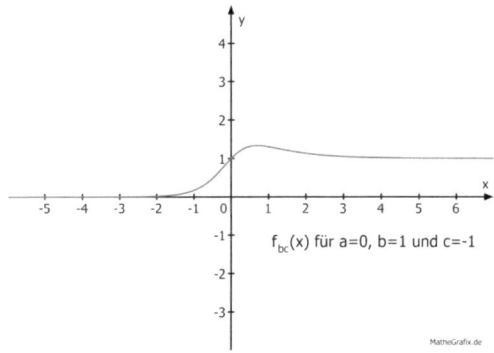

Abbildung 7: $f_{bc}(x)$

$$H: \left(\ln\left(\frac{-2}{-1}\right) \bigg| f_{bc}(\ln(2))\right) = \left(\ln(2) \bigg| \frac{e^{\ln(2)}}{e^{\ln(2)} + e^{-\ln(2)} - 1}\right)$$

$$= \left(\ln(2) \bigg| \frac{2}{1{,}5}\right) = \left(\ln(2) \bigg| \frac{4}{3}\right)$$

Ableitung: $f'_{bc}(x) = \dfrac{2-e^x}{(e^x+e^{-x}-1)^2}$

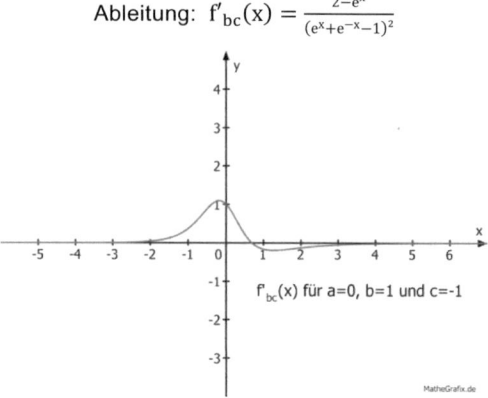

$f'_{bc}(x)$ für a=0, b=1 und c=-1

Abbildung 8: $f'_{bc}(x)$

Fall: $a \neq 0 \wedge b = 0 \wedge c \neq 0$:

Die daraus gefolgerte Funktion lautet:

$$f'_{ac}(x) = \frac{ce^x - ace^{-x}}{c^2} = \frac{e^x - ae^{-x}}{c}$$

$f'_{ac}(x) = 0 \Rightarrow e^x - ae^{-x} = 0 \Rightarrow e^{2x} = a \Rightarrow x = \dfrac{\ln(a)}{2}$

Zuerst einmal muss a positiv sein, da der $\ln(a)$ sonst keine Lösung hat. Aus diesem Grund ist $x > 0$. Dies bedeutet aber, dass $f'_{bc}(x)$ einen Extrempunkt hat, dessen x-Wert positiv ist.

$f'_{ac}(x) > 0 \Rightarrow e^x - ae^{-x} > 0 \Rightarrow e^{2x} > a \Rightarrow x > \dfrac{\ln(a)}{2}$

Daraus folgt, dass alle Werte, die einen höheren x-Wert als der Extrempunkt haben, streng monoton steigend sind.

$f'_{ac}(x) < 0 \Rightarrow e^x - ae^{-x} < 0 \Rightarrow e^{2x} < a \Rightarrow x < \dfrac{\ln(a)}{2}$

Daraus folgt, dass alle Werte, die einen niedrigeren x-Wert als der Extrempunkt haben, streng monoton fallend sind.

$G_{f'_{ac}(x)}$ ist auf dem Intervall $]-\infty; \frac{\ln(a)}{2}]$ streng monoton fallend und auf dem Intervall $[\frac{\ln(a)}{2}; \infty[$ streng monoton steigend.

Extrempunkt: $f'_{ac}\left(\frac{\ln(a)}{2}\right) = \frac{e^{\frac{\ln(a)}{2}}+ae^{-\frac{\ln(a)}{2}}}{c} = \frac{e^{\ln(a)\cdot\frac{1}{2}}+ae^{-\ln(a)\cdot\frac{1}{2}}}{c} = \frac{\sqrt{a}+a\frac{1}{\sqrt{a}}}{c}$

Aus der Monotonie folgt, da die Werte nach dem Extrempunkt streng monoton steigen und die Werte davor streng monoton fallen, dass der Extrempunkt ein absoluter Tiefpunkt ist.

$$T: \left(\frac{\ln(a)}{2} \Big| \frac{\sqrt{a}+a\frac{1}{\sqrt{a}}}{c}\right)$$

Beispiel zu Veranschaulichung: $a = 1 \wedge b = 0 \wedge c = 1$

Funktionsterm: $f_{ac}(x) = \frac{e^x+e^{-x}}{1}$

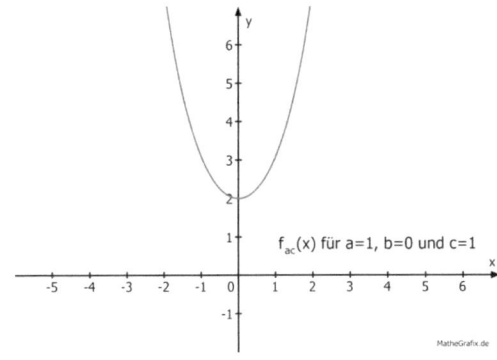

Abbildung 9: $f_{ac}(x)$

Hier hat $f_{ac}(x)$ einen Tiefpunkt an der Stelle:

$$T: \left(\frac{\ln(1)}{2} \Big| \frac{\sqrt{1}+1\frac{1}{\sqrt{1}}}{1}\right) = (0 \mid 2)$$

Ableitung: $f'_{ac}(x) = \frac{e^x - e^{-x}}{1}$

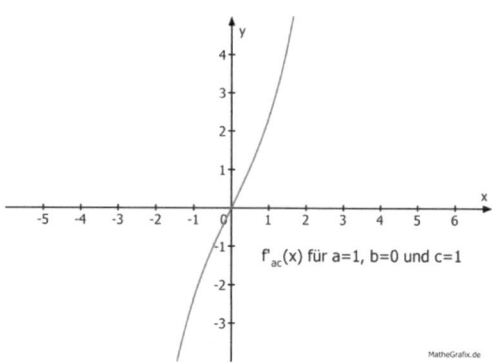

Abbildung 10: $f'_{ac}(x)$

2. Fall: $a \neq 0 \wedge b \neq 0 \wedge c = 0$:

Die daraus gefolgerte Funktion lautet:

$$f'_{ab}(x) = \frac{2b - 2ab}{(b(e^x + e^{-x}))^2}$$

$f'_{ab}(x) = 0 \Rightarrow 2b - 2ab = 0 \Rightarrow 2b = 2ab \Rightarrow a = 0$

$f'_{ab}(x) < 0 \Rightarrow 2b - 2ab < 0 \Rightarrow 2b < 2ab \Rightarrow a < 0$

$f'_{ab}(x) > 0 \Rightarrow 2b - 2ab > 0 \Rightarrow 2b > 2ab \Rightarrow a > 0$

Aufgrund dessen, dass die Lösung allgemein gültig ist und keinen x-Wert beinhaltet, kann man die Monotonie nur anhand einer Vorzeichenbetrachtung genauer feststellen:

$$(b(e^x + e^{-x}))^2$$

Durch das Quadrieren ist der Term positiv was zur Folge hat, dass der Nenner immer positiv ist.

1. Fall: Für $a < 1 \wedge b > 0 \vee a > 1 \wedge b < 0$ gilt:

Da der Zähler positiv ist und der Nenner auch positiv ist, folgt, dass $G_{f'_{ab}(x)}$ auf dem Intervall $]-\infty; \infty[$ streng monoton fallend ist.

2. Fall: Für $a > 1 \wedge b > 0 \vee a < 1 \wedge b < 0$ 1gilt:

Da der Zähler negativ ist und der Nenner positiv ist, folgt, dass $G_{f'_{ab}(x)}$ auf dem Intervall $]-\infty; \infty[$ streng monoton steigend ist.

Beispiel zu Veranschaulichung: $a = -5 \wedge b = 1 \wedge c = 0$

Funktionsterm: $f_{ab} = \dfrac{e^x - 5e^{-x}}{e^x + e^{-x}}$

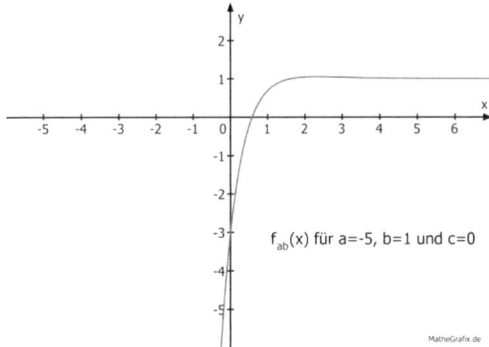

Abbildung 11: f_{ab}

Ableitung: $f'_{ab}(x) = \dfrac{8}{(e^x + e^{-x})^2}$

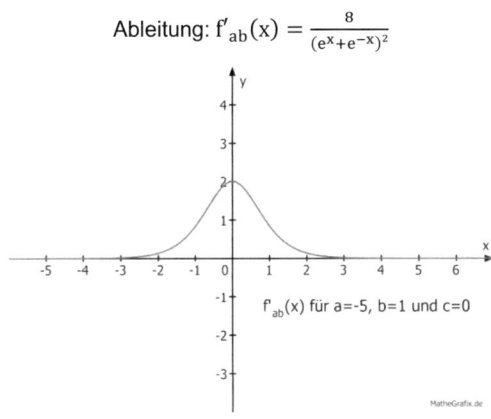

Abbildung 12: $f'_{ab}(x)$

IV. Nachwort

Als ich mich für das Thema entschieden habe, sah die Arbeit weit komplizierter aus als sie es eigentlich war. Ich dachte, mein derzeitiger Wissenstand in der Mathematik sei noch nicht weit genug, um solch eine komplexe Aufgabe zu lösen. Teilweise wurde dies bestätigt, z.B. beim Krümmungsverhalten oder bei der vollständigen Untersuchung der Monotonie. Doch anhand konkrete Beispiele konnte ich diese Schwierigkeiten überwinden und es mir durch die Graphen auch vorstellen. Nichtsdestotrotz kamen deswegen neue Probleme auf, da diese Genauigkeit der Aufgabe auch exakte Ergebnisse erwartete. Aber letztendlich konnte ich mit dieser Arbeit meinen Wissenstand im Bereich der e-Funktionen vertiefen und festigen.

Abschließend ist zu sagen, dass die Betrachtung der Kurvendiskussion eigentlich noch nicht am Ende ist. Wenn man sich Zeit nimmt bzw. findet, könnte man noch einige weitere Fälle für die Monotonie anschließen. Zudem war die Kurvendiskussion durch das Fehlen einiger Themengebiete, z.B. Krümmungsverhalten oder das unbestimmte Integral, nicht vollständig gelöst. Die Hyperbelfunktionen hingegen wurden in der Arbeit mehr als nur ausführlich betrachtet, vor allem deren Eigenschaften. Trotzdem ist eine weitere Betrachtung dieser möglich um potentielle Anwendungen in der realen Welt zu finden.

V. Literaturverzeichnis

Walter, Wolfgang, Analysis 1, 2004, 7., Aufl.; Berlin ; Heidelberg ; New York ; Barcelona ; Hongkong ; London ; Mailand ; Paris ; Tokio : Springer

Kopp, Simone, Hyperbelfunktionen, 2008/09, zu finden auf: http://micbaum.y0w.de/uploads/Hyperbelfunktionen.pdf , zugegriffen am 23.09.2015

Mathe Guru, Hyperbelfunktionen, zu finden auf: http://matheguru.com/allgemein/49-hyperbelfunktionen.html, zugegriffen am 23.09.2015

Gobold, Thomas Anton, Hyperbelfunktionen, zu finden unter: http://www.mathe-online.at/materialien/Thomas/files/hyperbel.html , zugegriffen am 23.09.2015

Bretschneider, Martin, Taylorreihenentwicklung - Herleitung und Anwendungsbeispiele, zu finden auf: http://www.bretschneidernet.de/publications/Facharbeit_Taylor.pdf , zugegriffen am 23.09.2015

Mathepedia, Hyperbolische Funktionen, zu finden auf: http://www.mathepedia.de/Hyperbolische_Funktionen_Transzendente_Funktionen.aspx , zugegriffen am 23.09.2015

Uni Magdeburg, Über hyperbolische Funktionen, zu finden auf: http://www.uni-magdeburg.de/exph/mathe_gl/hyperbelfunktion.pdf , zugegriffen am 23.09.2015

VI. Abbildungsverzeichnis

Abbildung 1: cosh(x)   Seite: 4

                     Erstellt mit Mathe-Grafix

Abbildung 2: tanh(x)   Seite: 7

                     Erstellt mit Mathe-Grafix

Abbildung 3: sinh(x)   Seite: 9

                     Erstellt mit Mathe-Grafix

Abbildung 4: Einheitshyperbel und Einheitskreis   Seite: 11

                     http://micbaum.y0w.de/uploads/Hyperbelfunktionen.pdf

Abbildung 5: Golden Gate Bridge   Seite: 13

                     http://micbaum.y0w.de/uploads/Hyperbelfunktionen.pdf

Abbildung 6: Kettenfunktion für a=2   Seite: 13

                     Erstellt mit Mathe-Grafix

Abbildung 7: $f_{bc}(x)$ Seite: 21

                     Erstellt mit Mathe-Grafix

Abbildung 8: $f'_{bc}(x)$ Seite: 22

                     Erstellt mit Mathe-Grafix

Abbildung 9: $f_{ac}(x)$ Seite: 23

                     Erstellt mit Mathe-Grafix

Abbildung 10: $f'_{ac}(x)$ Seite: 24

                     Erstellt mit Mathe-Grafix

Abbildung 11: $f_{ab}(x)$ Seite: 25

                     Erstellt mit Mathe-Grafix

Abbildung 12: $f'_{ab}(x)$ Seite: 25

Erstellt mit Mathe-Grafix

BEI GRIN MACHT SICH IHR WISSEN BEZAHLT

- Wir veröffentlichen Ihre Hausarbeit, Bachelor- und Masterarbeit

- Ihr eigenes eBook und Buch - weltweit in allen wichtigen Shops

- Verdienen Sie an jedem Verkauf

Jetzt bei www.GRIN.com hochladen und kostenlos publizieren